星艺居

第三届"星艺杯"设计大赛部分获奖作品

星艺装饰文化传媒中心　编著

XINGYI DESIGN

辽宁科学技术出版社
·沈阳·

社　　长：宋纯智

总 编 辑：符　宁

顾　　问：余　工　周晓霖　冷　忠　余　敏

主　　任：郝　峻

名誉主编：张　仁（中国建筑装饰协会住宅装饰装修委员会秘书长）

主　　编：郝　峻

执行主编：侯江林

编　　委：钱际宏　徐　橘　郭晓华　刘小平　冷祖良
　　　　　李幼群　冯华忠　乐永平　何焱生

责任主编：王羿鸥（40747947@qq.com）

封面设计：融汇印务

版式设计：融汇印务

责任校对：栗　勇

投稿热线：024-23284356　　024-23284369

图书在版编目（CIP）数据

星艺居:第三届"星艺杯"设计大赛部分获奖作品 /
星艺装饰文化传媒中心编著 . — 沈阳：辽宁科学技术出版社，2015.9
　　ISBN 978-7-5381-9364-0

　　Ⅰ . ①星… Ⅱ . ①星… Ⅲ . ①室内装饰设计— 作品集
— 中国— 现代 Ⅳ . ① TU238

中国版本图书馆 CIP 数据核字（2015）第 176212 号

出版发行：辽宁科学技术出版社
　　　　　（地址：沈阳市和平区十一纬路 29 号 邮编：110003）
印 刷 者：辽宁新华印务有限公司
经 销 者：各地新华书店
幅面尺寸：210mm × 285mm
印　　张：5
字　　数：100 千字
出版时间：2015 年 9 月第 1 版
印刷时间：2015 年 9 月第 1 次印刷

书　　号：ISBN 978-7-5381-9364-0
定　　价：25.00 元

联系电话：024-23284356　　024-23284369
邮购热线：024-23284502
http://www.lnkj.com.cn

CONTENTS

目录
星艺居／XINGYI DESIGN

2807号公寓 *No.2807*

>>APARTMENT

设计施工：广东星艺装饰集团

项目面积：280平方米

项目地址：广东广州

设 计 师：谭立予

项目用材：黑胡桃实木、白漆等

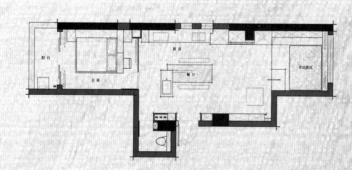

　　当一块原始水泥板墙面上刻有建筑工人的打油诗，或是莫名其妙的电话号码，以及各种不太完美的印记，设计师果断地把这些元素保留下来。由此一来，这块冰冷的水泥就有了人的情感，并能在未来的生活过程中继续发酵、升华。

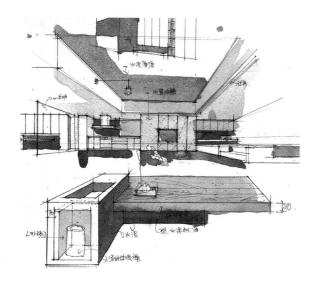

碧桂园凤凰城

COUNTRY GARDEN
>> PHOENIX

设计施工：广东星艺装饰集团

项目面积：210平方米

项目地址：广东广州

设 计 师：欧阳乐

项目用材：黑胡桃实木、白钢等

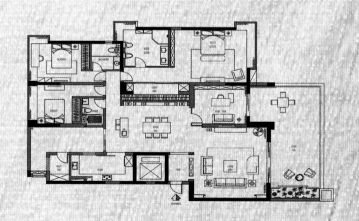

星艺居
XINGYI DESIGN

设计师用精致、大气、纯粹而充满几何感的
装饰线条来表现，同时运用明亮的对比色彩来描
绘，创造出一种强烈的优雅华美的视觉印象。

　　该设计融入了设计师对美学的理解，用简洁的手法完整地展现了优雅的本质，用色彩、光影、物质的不同质感，唤醒生活记忆的润泽与芬芳。这是赠予当今生活在钢筋水泥中的都市人最美好的礼物，让人们体验超越时间与文化界限的生活意境。

　　设计师在对卧室的处理中，采用了叠加的色调，仿佛用魔力将人拉进空间，墙面材质整体大方。整个空间温馨又不乏时代的摩登感，怀旧的同时又沉浸在自己丰富细腻的情感中，不期而遇的情怀始终闪烁着时光的惊艳。

地标广场

LANDMARK
>> SQUARE

设计施工：广东星艺装饰集团

项目面积：106平方米

项目地址：东莞虎门

设 计 师：吴伟强

项目用材：木纹灰、橡木、水曲柳、

灰镜、灰玻、不锈钢、黑镜钢

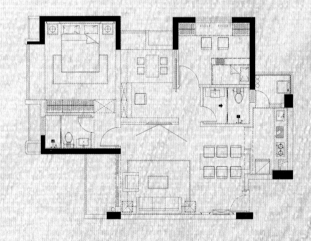

星艺居
XINGYI DESIGN

　　限制是设计必要的条件。从使用者的功能需求出发，让有限的空间演化为充满弹性的空间，这是设计者在初期思考的重点。用心去探索不同的空间属性，展现独一无二的空间特质，是这个设计案最吸引的魅力所在。

　　家，是用来收藏情感和记忆的地方，是涵养心灵的场所，这些与坐落位置、面积大小等附加条件无关。"设计"应该以人为主体，依照使用者的实际需求与喜好，搭建人与空间的和谐对话，就是对"家"最好的诠释。

贵阳山水
黔城府邸别墅

GUIYANG LAND
SCAPE CITY
>> MANSION
VILLA

设计施工：广东星艺装饰集团

项目面积：390平方米

项目地址：贵州贵阳

设 计 师：罗山锐

项目用材：玻化砖、银镜等

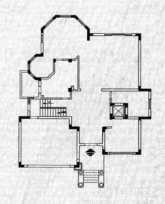
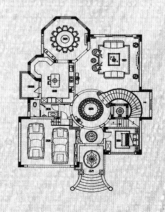

星艺居
XINGYI DESIGN

　　使用者追求于奢华空间与贵族生活的方式，注重高雅与内涵的生活气质，所以本案设计着重彰显品位、奢华以及体现其独特的视觉效果。设计整体质感对比强烈，线条更是硬朗与柔和并存。

　　其中客厅的一幅《细水长流》背景画，喷泉浪花顶、玉带盘龙柱楼梯、8字形如意厅以及喇叭状的聚财进口配以元宝入户厅⋯⋯在每一个细节设计的取"材"及造"形"上都是深思熟虑、精益求精。温馨不失高贵、华丽而不烦琐，简约不至单调。不仅满足了居住者对生活品质与贵气的追求，同时也彰显出内在的生活品位！同时，中国人讲究的是一个好寓意和象征，这便是体现其设计思想的精华所在！

贵阳黔灵
半山雅居

GUIYANG QIANLING

>> MID GARDEN

设计施工：广东星艺装饰集团

项目面积：270平方米

项目地址：贵州贵阳

设 计 师：罗山锐

项目用材：实木地板、壁纸等

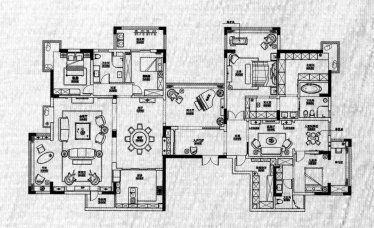

XINGYI DESIGN

爱的堡垒

设计施工：广东星艺装饰集团

项目面积：400平方米

项目地址：江西南昌

设 计 师：叶惠明

项目用材：大理石、银箔、实木地板、

微晶石、无纺墙纸、马赛克、灰镜等

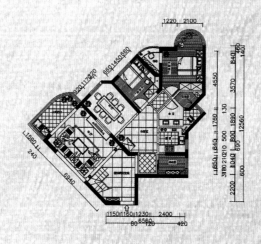

星艺居
XINGYI DESIGN

有人说，家是温馨惬意的港湾，因为是她让远航归来的水手有了驻足停留的闲暇；也有人说，家是一杯浓茶，因为是她让经历坎坷的游子品尝到了浓浓的亲情。

家，永远是一个饱含温馨的字眼。本案为新古典主义设计风格，整案采用大面积石材处理，吊顶造型配上华丽的水晶吊灯，展现出奢华、高贵且大气的空间氛围。床头背景墙采用褐色软包，大气且优雅。无论是家具还是配饰均以其优雅、高贵、唯美的姿态，平和而富有内涵的气韵，描绘出居室主人高雅、贵族之身份。

潮庭华府
8栋样品房

No.8 WASHINGTON COURT TIDAL >> SAMPLE ROOM

设计施工：广东星艺装饰集团

项目面积：210平方米

项目地址：广东汕头

设 计 师：余文胜

项目用材：黑胡桃实木、白漆等

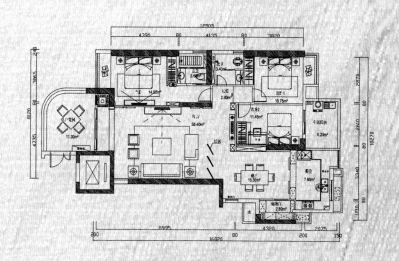

星艺居
XINGYI DESIGN

第三届"星艺杯"设计大赛部分获奖作品 >>

一曲琴音一盏茶，且静坐品茗，也品味古典熏陶下的含蓄东方美。本案设计是典型的现代中式风格，中国风的构成主要体现在装饰品和传统家具上（家具多为公司自己设计生产）。

　　室内的布局采用了对称的布局方式，格调高雅，造型朴素优美，色彩浓厚而成熟。而选用的中国传统室内陈列包括茶具、字画、陶瓷、屏风隔断等，体现了追求者一种修身养性的生活境界。

　　在装饰细节上崇尚自然情趣，花鸟鱼虫富于变化，充分体现出中国传统美学精神。进门对景台与客厅茶几上的摆设给空间增添了中禅的韵味，浓浓的中式韵味在客厅中散发开来。不管是精雕细琢的中式家具，还是精挑细选的软装配饰，都让整个空间更为完美。静茶淡雅、君子淡泊，抿一口清茶，在此体味雅致的人生。

山水庭院

LANDSCAPE >> GARDEN

设计施工：广东星艺装饰集团

项目面积：350平方米

项目地址：广东广州

设 计 师：欧阳乐

项目用材：玻化砖、软包、白漆等

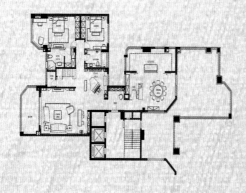
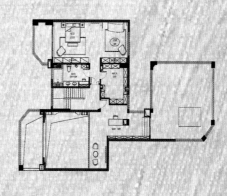

　　案例摆脱了金碧辉煌的浮夸装饰风格，重新定义别墅空间，演绎新装饰艺术的奢华感。奢华易造，品位难求。在这一点上，设计师希望通过合理的搭配和恰到好处的装饰来点睛，还原空间原本的优势。改造传统意义上的奢华定义，来彰显使用者独特的品位。

　　整体运用素雅、明快的色调，主基调以米色为主，配以亮黑、浅灰以增加色彩层次的对比。黑白灰相间的云石将原本向上集中的空间延伸至四面，增加趣味性，让整个空间氛围形成优雅的奢华感，体现内敛的精细之美。餐厅部分天花的透空设计成为整个空间的亮点，保留童话般的意境，在用餐的同时，时隐时现的星空让人与自然合二为一，和谐共生。

在设计师看来，比"独特"更进一步的是"独到"。客厅部分钻石立体切割造型的白色吧台将人的视觉集中于一点，有收敛中心的作用。透过天花的射灯，凸显精妙的清净光源效果。空调出风口下方的深色烤漆玻璃在修饰线条的同时减少了原梁的厚重感，使其更加轻盈，深色也和其他部分形成一种和谐共生的呼应感。

珊瑚天峰

设计施工：广东星艺装饰集团

项目面积：240平方米

项目地址：广州番禺

设 计 师：袁霄

项目用材：黑镜、玻化砖等

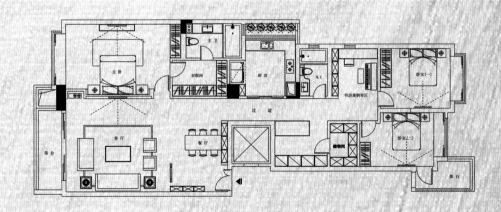

星艺居
XINGYI DESIGN

第三届"星艺杯"设计大赛部分获奖作品 >>

　　本案以简而不繁的手法解读了现代人文的后现代情结。在古典与现代边缘游走的后现代——文脉，是经典而恒久的魅影。轻古典的家装风格摒弃了简约的呆板和单调，也没有了古典风格中的烦琐和严肃，让人感觉庄重和恬静，适度的装饰也使家居空间不乏活泼气息，使人在空间中得到精神和身体上的放松，并且紧跟着时尚的步伐，也满足了现代人的"混搭"乐趣！

　　在餐厅中以圈椅作为家具，完美地结合了古典与现代设计的元素。将古典与现代相结合，以简洁明快的设计风格为主调，在总体布局方面尽量满足业主生活上的需求。主要装修材料以橡木为主，以及用木栅隔断景点，创造一个温馨、健康的家庭环境。

博雅首府
A03公寓

设计施工：广东星艺装饰集团

项目面积：240平方米

项目地址：广州天河

设 计 师：于艳

项目用材：水曲柳、不锈钢等

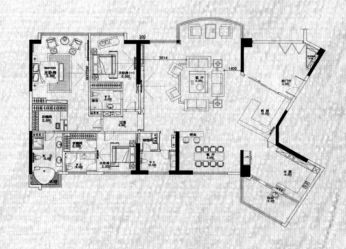

星艺居
XINGYI DESIGN

第三届"星艺杯"设计大赛部分获奖作品 >>

本案入户花园和大厅中超大的过梁都是它的特点，重点在于突出它的美。入户玄关的异形通过划分一个鞋帽间来使其规整，天花上设计的倾斜木顶的结构主要是呼应客厅中间的一根超大过梁。以它为中心制作向两侧倾斜的斜面木质屋面，利用人的视觉落差，抬高整个大厅的层高，同时营造出德式风格特有的木屋感觉。一种集收藏、摆设于一体的墙式书架设计融入其中，功能结构之美，绝对不是为了装饰而装饰。

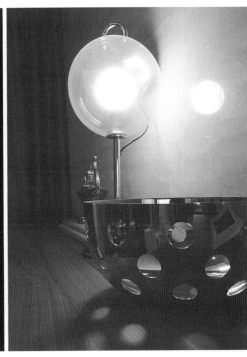

保利春天别墅

POLY SPRING
>> VILLA

设计施工：广东星艺装饰集团

项目面积：410平方米

项目地址：贵州贵阳

设 计 师：罗珍

项目用材：仿古砖、白漆等

一层平面布局图

二层平面布局图

　　本案设计采用东南亚与简中混搭的风格，将中式与异域元素完美融合。整个设计中自然的木纹、简洁的造型、深蓝色的仿古砖都使整个空间充满自然之趣。

　　软装搭配上竹叶图案的墙纸、藤蔓的窗帘，再加入中式水墨画做点缀，营造出一个具有文化韵味的艺术空间。

　　客厅墙上的大树造型，巧妙地将自然元素融入到空间中，是本次设计的一大亮点。空间在满足业主功能要求的同时，并没有掩盖她自然宁静的悠然之美。撩开渐欲迷人眼的乱花迷雾，不加粉饰，回归初心。

富川瑞园
样板房

FUCHUAN
RUI GARDEN MODEL
>> ROOM

设计施工：广东星艺装饰集团

项目面积：90平方米

项目地址：惠州

设 计 师：张超宇

项目用材：玻化砖、白漆、实木地板等

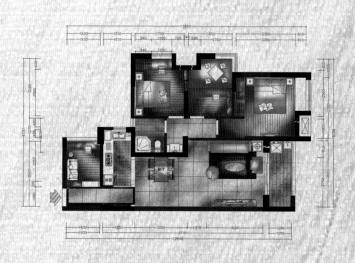

本案是精致小三房的样板房设计，考虑到当今年轻人的购房需求偏向于实用性，于是设计中没有太多的豪华奢侈，而是更侧重于温馨舒适的感觉。

所以设计时摒弃所有多余的为装饰而装饰的造型，将储物空间和设计结合，把房门推拉门和整个过道及沙发背景结合出连贯完整的空间，结合轻松、大方的配饰，力图让每一个看房的客户都能体会到开发商用心规划的90平方米小三房的超实用住宅，为每一个客户设身处地去考虑的温暖感受。

山与城
332号公寓

设计施工：广东星艺装饰集团

项目面积：99平方米

项目地址：广西桂林

设 计 师：张抗

项目用材：玻化砖、银镜、白漆等

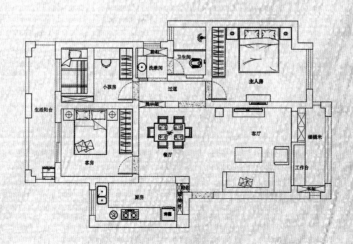

星艺居
XINGYI DESIGN

第三届"星艺杯"设计大赛部分获奖作品 >>

　　如果说家具的款式能够体现空间的气质，那么色彩的搭配就能丰富空间的表情，而灯光则能活跃空间的气质，在本案的设计中正好印证了这几点。

　　本案为99平米小三房，因此在平面设计上对空间和功能的发掘和实用上始终力求完美，大胆改变原建筑的平面设计，充分利用建筑空间可延展或可利用的位置进行合理设计再利用。其中由客厅阳台设计后的空间涵盖了收纳区、休闲区及工作区三种功能；设计造型上以现代简约的手法融合复古风格的家居及软装饰，色彩搭配大胆运用色块的强烈对比，丰富空间的层次感，让空间在复古的优雅中不失青春向上的活力；同时，灯光的设计更是在功能实用的基础上，让空间的明度及纵深度更加丰满；小空间大利用，设计对于生活不仅是一种装饰，更是一种需要，这是设计师对生活的明朗态度，对空间的睿智理解。

泰成听涛苑

TAICHENG KIKUNAMI

>> GARDEN

设计施工：广东星艺装饰集团

项目面积：190平方米

项目地址：天津港滨海

设 计 师：陈伟伟

项目用材：实木地板、壁纸等

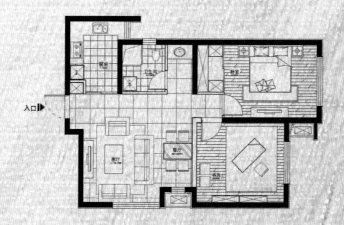

　　该设计以简约新中式为主要风格。中式格调多给人沉闷感，为了打破这种感觉，本案在色调上选择比较轻巧明快的颜色，电视背景上的花格造型是以园林中常见的花窗变形而来。整个设计既体现中式的端庄，融入的现代元素又增加了家居的温馨和谐与实用功能。

北海穗丰
金湾样板房

BEIHAI SUIFENG
JINWAN MODEL
>> ROOM

设计施工：广东星艺装饰集团

项目面积：200平方米

项目地址：广西北海

设 计 师：许舰、黄林妮

项目用材：黄洞石，雨林棕、泰柚木、

绒布硬包等

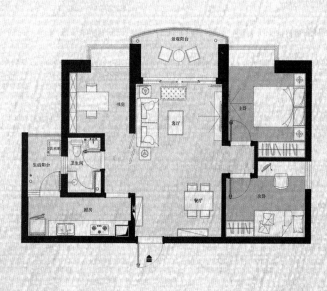

星艺居
XINGYI DESIGN

第三届"星艺杯"设计大赛部分获奖作品 >>

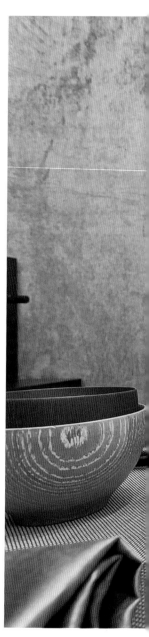